U0066941

達克比辦案 ⑭

莽原生死鬥

草原生態系與地下環境的生存適應

文 胡妙芬　　圖 柯智元

達克比形象原創 彭永成

親子天下

課本像漫畫書，童年夢想實現了

臺灣大學昆蟲系名譽教授、蜻蜓石有機生態農場場長 **石正人**

讀漫畫，看卡通，一直是小朋友的最愛。回想小學時，放學回家的路上，最期待的是經過出租漫畫店，大家湊點錢，好幾個同學擠在一起，爭看《諸葛四郎全集》，書中的四郎與真平，成了我心目中的英雄人物。我常常看到忘記回家，還勞動學校老師出來趕人，當時心中嘀咕著：「如果課本像漫畫書，不知有多好！」

拿到【達克比辦案】系列書稿，看著看著竟然就翻到最後一頁，欲罷不能。這是一本將知識融入漫畫的書，非常吸引人。作者以動物警察達克比為主角，合理的帶讀者深入動物世界，調查各種動物世界的行為和生態，透過漫畫呈現很多深奧的知識，例如擬態、偽裝、共生、演化等，躍然紙上非常有趣。書中不時穿插「小檔案」和「辦案筆記」等，讓人覺得像是在看CSI影片一樣的精采，而很多生命科學的知識，已經不知不覺進入到讀者腦海中。

真是為現代的學生感到高興，有這麼精采的科學漫畫讀本，也期待動物警察達克比，繼續帶領大家深入生物世界，發掘更多、更新鮮的知識。我相信，有一天達克比在小孩的心目中，會像是我小時候心目中的四郎和真平一般。

我幼年期待的夢想：「如果課本像漫畫書」，真的是實現了！

從最有趣的漫畫中學到最有趣的科學

中正大學通識教育中心特聘教授與教務長、「科學傳播教育研究室」主持人 **黃俊儒**

許多科學家在回顧自己的研究生涯時，經常會提到小時候受到哪些科學讀物的關鍵影響，其中不乏精采的小說、電影或漫畫。流行文化文本對於讀者所產生的潛移默化作用，可能遠比我們所能想像的更深更遠。

過往的年代，小朋友看漫畫會被長輩斥責是在看「尪仔冊」，意思就是內容比較不正經。但是這個年代卻大大的不一樣，透過漫畫傳遞知識成為一個重要的顯學，因為漫畫可以將許多抽象的科學知識具體化，讓科學理論、數學符號、原理算式都變得栩栩如生、躍然紙上。此外，透過情節的鋪陳，更可以讓讀者拉近科學知識與生活情境之間的關係。

透過漫畫講述有趣的科學，在國外已經有許多精采的案例，可以把細胞、血球、微生物、物理實驗都透過漫畫講得活靈活現。【達克比辦案】這一系列的出版，可謂是這些理念的具體展現，不僅內容具有科學知識的正確性，劇情及人物造型更是饒富趣味，透過本土圖文創作者的筆觸，更增添了文化上的切身性及親密感，是不可多得的好書。

「有趣」是學習過程中一件很重要的事，看達克比一邊辦案一邊抖出各種動物的祕密，不知不覺就學到許多生物的知識。在孩童開始接受嚴肅的教科書洗禮之前，如果有機會從最有趣的漫畫中學到最有趣的科學，相信他們一定可以跟這些知識保持一輩子的好關係！

從故事中學習科學研究的方法與態度

臺灣大學森林環境暨資源學系教授與國際長 **袁孝維**

　　【達克比辦案】系列漫畫趣味橫生，將課堂裡的生物知識轉換成幽默風趣的故事。主角是一隻可以上天下海、縮小變身的動物警察達克比，他以專業辦案手法，加上偶然出錯的小插曲，將不同的動物行為及生態知識，用各個事件發生的方式一一呈現。案件裡的關鍵人物陸續出場，各個角色之間互動對話，達克比抽絲剝繭，理出頭緒，還認真的寫了學習單和「我的辦案心得筆記」。書裡傳達的不僅是知識，而是藉由說故事的過程，教導小朋友如何擬定假說、邏輯思考、比對驗證等科學研究方法與態度。不得不佩服作者由故事發想、構思、布局，再藉由繪者的妙手生動活潑呈現的高超境界了。

　　作者是我臺大動物所的學妹胡妙芬，有豐厚的專業背景，因此這一系列的科普漫畫書，添加趣味性與擬人化，讓小朋友在開心快樂的閱讀氛圍裡，獲得正確的科學知識；在大笑之餘，也能得到滿滿的收穫。

閱讀達克比，即刻獲取國中生物地科先修知識！

資深國小教師、教育部 101 年度閱讀磐石個人獎得主 **林怡辰**

　　校外教學去博物館，志工在進行導覽時，很多三年級孩子可以舉手補充化石知識、雨林知識。導覽志工驚訝看向我，我笑著兩手一攤：「是因為達克比啦！」

　　【達克比辦案】系列在學校圖書館裡總是一書難求，可見魅力無法擋。魅力一，輕輕鬆鬆嘗到知識之美。書中運用有趣吸睛的漫畫包裝專業的科普知識，圖像式一目了然，笑點都在知識點上，孩子一讀再讀，連長文字都不放過，甚至愛到背起來，還舉一反三。原來學習知識這麼迷人，從動機著手，真的難以取代！

　　魅力二，黃金三角提升科普層次。懸疑故事的謎底，就在令人驚奇的科普知識。不利用誇張笑點，直接以知識趣味迎戰，加上精心設計的內容，還有可愛幽默的畫風，精實金三角交出亮眼成績，提升孩子學習科普層次，真的不容錯過！

　　魅力三，昆蟲、動物、化石、生物、地科等補充知識，統統一起掌握！一到五集講動物習性，第六集到第十集談孩子最愛的演化和古生物，之後十一到十五集來談生態系。沙漠、雨林、深海、草原等生態系，歷年來在教學上容易平淡且孩子無感，有了達克比，不管是引起動機、深入探討、趣味教學、自行閱讀，都能一把罩；有了達克比，能扣合中小學課綱的學習目標，補足教科書不足，國小自然科、國中地科生物等的預習與延伸閱讀，或是進而科學探究、大膽假設、細心解謎、系統思考，都有了出路！

　　優點寫了這麼多，等你翻開達克比，你還會發現，孩子讀到愛不釋手，還邊發出笑聲。快來體驗，把達克比放到孩子手上吧！

目錄

鴨嘴獸「達克比」是一個動物警察，
駐守在河邊的小木屋派出所。

達克比的任務裝備

達克比，游河裡，上山下海，哪兒都去；
有愛心，守正義，打擊犯罪，他跑第一。

猜猜看，他會遇到什麼有趣的動物案件呢？

微笑警徽
希望天下太平、世界大同。

嘴
扁嘴巴，沒有牙，
最恨被看做鴨子嘴。

潛水鏡
為了耍帥，隨時戴著。

紅領巾
熱愛紅色，
代表滿腔的熱血。

警用背包
裡面什麼都有，
出門辦案時還能順
便帶乖乖和點心。

生物縮小糖
最新科技，
吃一顆，
身體就能縮小。

霹靂腰帶
水桶腰，繫起來
勉勉強強。

尾巴
又寬又扁，
適合在水中快速游泳。

警棍
用來打擊犯罪，
偶爾也拿來打打棒球。

皮毛
毛皮厚，可防水，
游泳時就像穿著潛水裝。

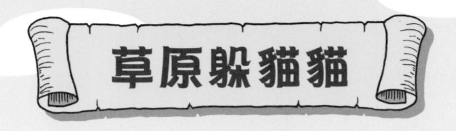

草原躲貓貓

還有……

啊！

噠噠

找到了，你在這！

草原好難躲喔！

不好玩。

哈哈，誰叫你們說要玩躲貓貓。

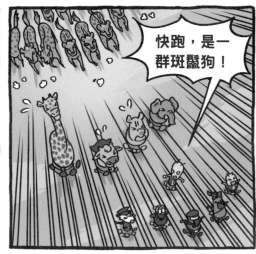

斑鬣狗小檔案

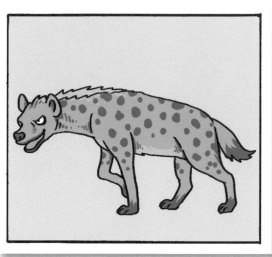

姓　名	斑鬣狗
分布範圍	撒哈拉沙漠以南的非洲地區
外形與特徵	前腳比後腳長，所以身體呈現前高後低的現象。毛色充滿大型斑點。在群體中由體型較大的雌性擔任領袖。平常會吃腐肉或搶別人的獵物吃，也會合作捕捉獵物。有時會發出一連串像人類笑聲的叫聲，所以又被稱做「笑土狼」。
犯罪事實	在光天化日之下攻擊動物寶寶

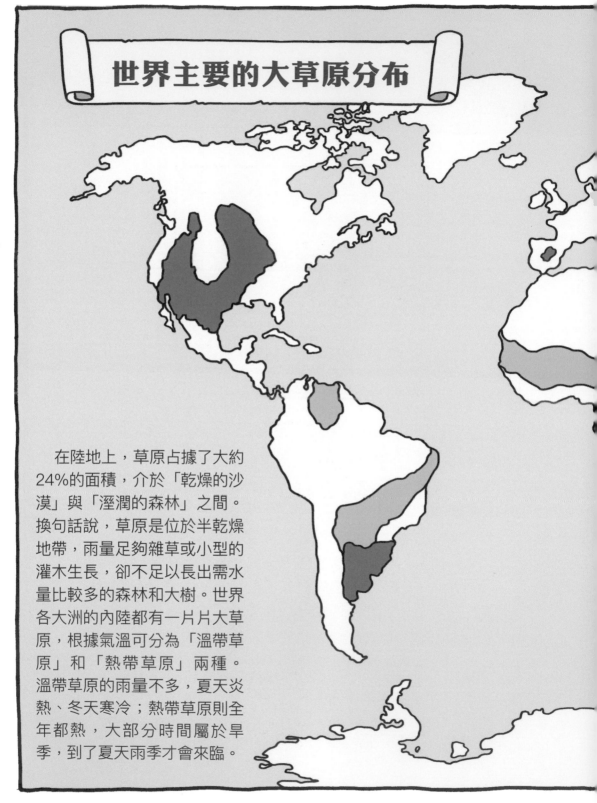

世界主要的大草原分布

在陸地上，草原占據了大約24%的面積，介於「乾燥的沙漠」與「溼潤的森林」之間。換句話說，草原是位於半乾燥地帶，雨量足夠雜草或小型的灌木生長，卻不足以長出需水量比較多的森林和大樹。世界各大洲的內陸都有一片片大草原，根據氣溫可分為「溫帶草原」和「熱帶草原」兩種。溫帶草原的雨量不多，夏天炎熱、冬天寒冷；熱帶草原則全年都熱，大部分時間屬於旱季，到了夏天雨季才會來臨。

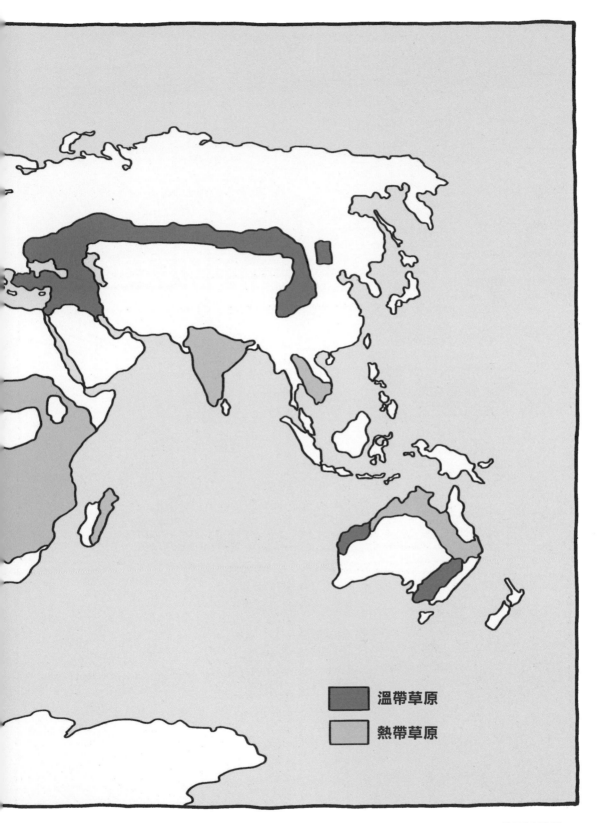

溫帶草原

熱帶草原

：是獅子！達克比我們快跑！

：你……你們不要害怕，我……我不會傷害你們……

：你是獅子，吃肉的！我們要逃，你別過來！

：不！聽我說，我不是一般的獅子……啊對了！你們看，我會吃地上的草！我是吃素的獅子！

第一次聽到……

獅子吃素……

啊，對了！

那你可不可以去救那些動物寶寶？

沒錯！你是獅子，吼一聲就可以把斑鬣狗嚇跑！

可是，我很瘦小，打不贏那群斑鬣狗……

在草原上要抵抗肉食動物，要不就是要長得巨大，要不就是得跑得很快。

草原生存之道1：體型巨大＋快跑

　　草原的特色就是非常空曠，很少有遮蔽物可供動物躲藏，所以生活在草原的最佳防衛術，就是「體型龐大」和「奔跑迅速」。因為體型龐大比較能夠抵抗天敵，奔跑迅速則不容易被肉食動物抓住。不過，道高一尺、魔高一丈。年老、受傷、生病，或幼小、跑不動的草食動物，還是會被肉食動物吃掉。

長頸鹿
最高的陸地動物

非洲象
最大的陸地動物

鴕鳥
跑得最快的鳥類

獵豹
跑得最快的動物

原來這些高手這麼厲害，就是為了在草原生存啊！

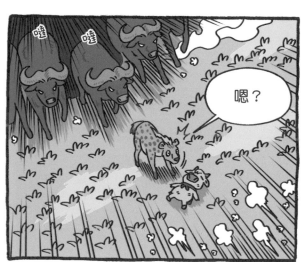

草原生存之道2：團結力量大

　　很多人都誤以為，獅子、豹或鬣狗這些肉食動物很強，其他草食動物是敵不過牠們的。但事實上，只要大家團結起來勇敢抵抗，大象、水牛、牛羚等強壯的草食動物是有可能「KO」獅子王的！

　　不只如此，平常在空曠的草原生活，草食動物「成群結隊」的好處多多。除了同時有千百雙眼睛和耳朵一起注意天敵的舉動外，當肉食動物發動攻擊時，還可以減少每隻草食動物被攻擊的機率。

※KO是拳擊術語 Knock Out 的簡稱，是「擊倒」的意思。

1. 1隻動物單獨行動時，受到天敵攻擊的機率是1分之1（$\frac{1}{1}$），也就是100分之100（即100%）。

2. 10隻一起行動時，每隻動物被攻擊的機率是10分之1（$\frac{1}{10}$），也就是10%。

3. 100 隻一起行動時，每隻動物被攻擊的機率則是 100 分之 1（$\frac{1}{100}$），也就是 1%。

4. 1000 隻一起行動時，每隻動物被攻擊的機率是 1000 分之 1（$\frac{1}{1000}$），也就是 0.1%。

5. 那如果 10000 隻呢？每隻動物被攻擊的機率就是 10000 分之 1（$\frac{1}{10000}$），也就是 ___ 。

答案是 0.01%。

這樣被攻擊的風險比較低耶！難怪草食動物們喜歡成群結隊一起行動。

我的辦案心得筆記

報案人：水牛寶寶
報案原因：斑鬣狗追殺玩躲貓貓的動物寶寶

調查結果：

1. 草原是森林到沙漠之間的過渡地帶，通常位於半乾燥氣候區，占地球陸地面積約24%。草原的特色是很空曠，動物很難找到躲藏的地方，生存方式就靠「個子大」、「跑得快」、「成群結隊」。

2. 當草食動物一起活動時，能降低個體被捕食的機會，而且群體越大，被捕食的機率越小。而且非洲水牛、大象、牛羚等大型動物團結起來時，可以擊退獅子、獵豹或斑鬣狗等肉食動物。

3. 水牛寶寶皮很厚，雖然被斑鬣狗和鱷魚咬，傷口不大，但以後再也不敢自己亂跑去玩躲貓貓了。

4. 斑鬣狗被鱷魚咬了一口，嚇得昏過去。達克比和阿美決定放他們一馬，把他們丟在岸上。

調查心得：
弱肉強食，草原稱王。
水牛同心，ＫＯ獅王。

團結就是力量

草地裡的小天地

唉呦，別怕！

他是我們的新朋友，是一隻吃素的獅子喔。

嗨嗨，你們好。

我是崇尚和平的獅子，很高興認識你們。

我們和團長、脫脫走散了，你們有遇見他們嗎？

沒有。我用萬能手錶呼叫團長，他也沒回應，真奇怪。

難道是萬能手錶沒電了？

不可能，昨天我才把電池充飽的。

難道是……

趴哥你別亂想！

趴哥想的不是沒有道理。大草原是個弱肉強食的世界，而且能躲藏的地方很少。

他們如果不懂得保護自己，的確凶多吉少……

唉呦，別這麼悲觀！

可是我們體型不夠大，跑得又不快，要怎麼才能保護自己，平安順利的找到團長呢？

我想到還有一個辦法。

是什麼辦法，快說！

那就是把自己變小。小到可以藏進草地裡，就不會被肉食動物發現。

啊哈，那還不簡單！

對啊，只要大型動物靠近時，

我們「一二三木頭人」保持不動，就不會被發現啦！

你們有辦法？

草原的草，高度大不同

　　溫帶的草原根據乾旱的程度不同，可以分為「乾草原」和「溼草原」。乾草原通常位於沙漠的邊緣，草很矮，高度不超過 15 公分。

熱帶草原的乾季

　而溼草原通常位在森林或大湖的旁邊，草可以長到 50 到 100 公分高，有些地方的草甚至高到 3 公尺，人和動物一走進去就會迷失方向。

　而熱帶草原如非洲大草原，草通常長得又粗又高，有時高達 3 公尺以上；但是它們只能在短暫的雨季裡蓬勃生長，一旦進入漫長的乾季，就會變得又枯又黃。

熱帶草原的雨季

草原生存之道 3：身材嬌小，藏在草叢裡

　　草原裡最主要的遮蔽物是一大片的「草」，所以有些動物的生存策略和大象、長頸鹿、犀牛等巨大動物剛好相反，那就是「長得嬌小」，好讓自己可以躲在草叢裡，避開天敵的視線，像是條紋草鼠、獾或可愛的草兔等，都是運用這個生存策略。牠們在青草裡的小天地裡活動，人們很少發現牠們，牠們卻比草原上的大動物數量更多。

獾

草兔

條紋草鼠

好熱鬧啊，原來離地面這麼近的草地裡，還有好多小動物來來去去……

發生什麼事了？

不要動！一隻獵豹走過來了。

嘘，忍耐！
免得被發現！

啊

嗚嗚～

呼！

走了～

我就說吧～
沒事！

呵呵呵，真好玩！

比玩躲貓貓
還刺激耶！

不要動！

他他……
他要做什麼？

咆啊啊！

噗！

草原狒狒小檔案

名　稱	草原狒狒
分布範圍	非洲中部的草原和森林邊緣地帶
外形與特徵	頭部和口鼻部跟狗有點像,臉上沒有毛,身體的毛色呈黃褐色,所以又被稱為「黃狒狒」。黃狒狒和其他狒狒一樣,個性勇敢凶猛,甚至敢對抗獅子。牠們過著群體生活,雜食性,會吃任何找得到的食物。
犯罪事實	隨地大小便

狒狒對草原的「貢獻」

　　全世界有五種狒狒，都生活在非洲。其中，草原狒狒是草原地帶中最常見也最成功的種類。牠們的食性非常廣泛，只要能找到的食物都能吃下肚，包括人類的農作物和家禽家畜，所以非洲人常把牠們視為「害獸」，也就是「有危害的野獸」。不過這只是人類的觀點，如果從大自然的角度來看，草原狒狒的貢獻很多。比方說牠們捕食許多小型動物，避免這些動物過多、破壞生態平衡。牠們還會吃下植物的果實，再透過糞便幫植物散播種子。

隨地大便對我們種子來說是好事，多謝狒狒啦！

糟糕,我覺得我們迷失方向了。

飛碟是停在哪裡,你們還記得嗎?

草原的草這麼高,我們根本看不到路。怎麼辦?

我記得飛碟是停在一棵灌木底下,

但是現在哪邊是哪邊,已經都分不清楚了。

我們需要高過草頂,才能看到附近的景物,

也才有辦法找到飛碟和團長。

哈!我想到了!

別擔心。一回生、二回熟，這次一定成功。看我的！

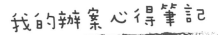

我的辦案心得筆記

報案人：無

報案原因：吃了縮小糖在草叢裡迷路

調查結果：

1. 溫帶草原分為「乾草原」和「溼草原」。乾草原通常位於沙漠的邊緣，草的高度不超過15公分。而溼草原通常位在森林或大湖的旁邊，草可以長到50到100公分高。

2. 有些草原的草甚至高到3公尺，人或動物一進去就會迷失方向。

3. 熱帶草原在乾季和雨季大不相同。雨季時，草又綠又長；但是到了乾季，同一片草地會變得又枯又黃。

4. 要在草原上生存，體型要不就是要很大，要不就是要很小。小到可以躲在草叢裡，就不容易被天敵發現。

5. 草原上的草叢裡自成一個祕密的小小天地，有很多小動物在裡面活動，從外面看不容易發現。

6. 阿美決定改良噴射藥膏，但要先救回達克比再說。

調查心得：
大有大的好，小有小的妙。
草原裡求生，各有各的道。

前進
地底王國

裸鼴鼠小檔案

名　稱	裸鼴鼠
分布範圍	東非索馬利亞、衣索比亞和肯亞等國境內的草原地帶
外形與特徵	身體幾乎沒毛，眼睛小、視力不發達。用長長的門牙挖土，居住在地下坑道裡。以植物的地下塊根或塊莖為食，在地面上無法長時間生存。裸鼴鼠的社會類似蜜蜂和螞蟻，只有一隻女王和少數幾隻雄鼠有生殖能力，其他的成員不分雌雄，都是無法生孩子的工鼠或兵鼠。可活到 30 歲，壽命很長，是一般鼠類的 10 倍。
特殊能力	沒有痛覺、能在低氧中生存、幾乎不會「老」、不會得癌症

: 嗯嗯——獅子你幹麼摀住我的嘴巴，不讓我講話？!

: 噓！裸鼴鼠的王國戒備森嚴，非常神祕。他們有專門對付外來者的士兵！

: 啊？所以我們在這裡不受歡迎？

: 那當然！尤其我們身上帶著陌生的氣味，他們會把我們當成外來入侵者！為了不要惹麻煩，我們還是自己找路比較保險。

: 話是沒錯。可是這裡這麼暗，我們……

※ 地底王國可是暗得伸手不見五指，不過為了畫面呈現，所以都有拉亮喔！

我覺得空氣好悶，好不舒服。

我也是，好像有點缺氧。

空氣的確不太好……

這麼說，我也有點感覺。

沒辦法。在地底坑道裡，缺氧很正常。

地底下通風不良，又住著那麼多居民。不只氧氣比較稀薄，二氧化碳也會增加。

氧氣濃度

那裸鼴鼠為什麼不住地面，

卻選擇在地底建造王國呢？

因為在空曠又沒地方躲的草原世界，地底下比較安全！

草原生存之道 4：躲在地底下

　　草原上又乾又熱，再加上平坦開闊、遮蔽物少，有些小動物就乾脆住在地下，避開地面的天敵和炎熱的天氣。這些動物有些是自己挖洞，像是裸鼴鼠；有些是住在別人挖好的洞裡，例如疣豬；有些半天在洞裡休息、半天出外覓食，例如草原犬鼠（又稱「土撥鼠」）、狐獴；有些則終生居住在地洞裡，幾乎不會離開，像是盲鼴鼠和裸鼴鼠。

草原犬鼠

狐獴

盲鼴鼠

裸鼴鼠的地下生活

　　住在地下很安全，但是卻不容易。因為地洞裡黑暗、潮溼，通風不良又經常缺乏氧氣。許多長時間住在陰暗洞裡的生物視力退化，只能靠嗅覺或觸覺來感覺環境，裸鼴鼠也不例外。科學家發現，裸鼴鼠在地底下會經歷一波又一波的缺氧，牠們的心跳會從每分鐘200次下降到每分鐘50次以度過缺氧危機。他們甚至可以在完全無氧的狀況下存活18分鐘，但如果曝露在正常的地面上，反而會因為無法適應而生病或死亡。

0

10

20

30

40

50

植物的地下塊根
裸鼴鼠的食物
來源

公共廁所

工鼠
一個王國最多可達 300 隻，
都是女王的兒子或女兒，
但是沒有生殖能力。

女王的育嬰房

女王
整個王國只有牠
會生寶寶

啊，阿美昏倒了！

先給阿美吃一顆潛水藥丸吧！

潛水藥丸？

對啊！潛水的時候，潛水藥丸能提供氧氣，

我想現在地底缺氧，潛水藥丸應該能發揮一樣的功效吧？

小博你真聰明！

真的有效！阿美醒了。

「公共廁所」很重要

人類光聽到「糞便」就覺得噁心，但是對於裸鼴鼠來說，糞便不但不髒，還是讓牠們團結、壯大的重要工具。

女王已經大出尊貴的大便，還不快奉上衛生紙！

是！

包括女王在內，牠們會在地底王國的公廁上廁所，並且常來這裡「翻滾」，故意把大便的氣味塗在身上。

因為身上帶有這種氣味才會被其他成員認同與接納，代表牠們是「同一國」的。相反的，沒有這種「屎味」就代表牠們是外來者，會被攻擊甚至驅趕。

送我香水當生日禮物？！

是想害我被趕出去嗎？

不只如此，科學家發現成年的裸鼴鼠如果吃下懷孕女王的大便，會對小寶寶的哭叫更有反應。那是因為女王的糞便中帶有特殊荷爾蒙，女王就是利用糞便中的荷爾蒙來控制王國的成員。

女王的大便

奇怪，我被精神控制了嗎？

哇——

小寶寶也會猛抓成年裸鼴鼠的屁股，要求要吃牠們的糞便。因為這些糞便裡帶有能消化食物的微生物，小寶寶在成長的過程中必須吃下這些微生物，才能在長大後順利以植物的根莖為食。

快大便給我吃！

要說請和謝謝才有禮貌！

請問女王，你們王國有重要的東西被偷了，是嗎？那是什麼？

是的。那是一個巨大的塊根，我們全國賴以維生的食物。

通常我們只會咬幾口，所以它還能不停的生長，供我們吃上幾個月甚至好幾年。

可是今天早上有人發現它不見了，我們找不到小偷，都很著急。

原來如此，請告訴我它的位置在哪？

就在這個通道的盡頭，貼近地面的地方。

好極了。接下來，你和你的部下會沉沉睡去，

一個小時後才會醒來……

睡！

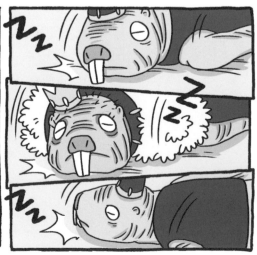

我的辦案心得筆記

報案人：鼴鼠女王

報案原因：鼴鼠王國的重要食物莫名其妙被偷走

調查結果：

1. 有許多小動物生存在地下王國中，這是在草原生存的重要方式之一。

2. 地下的生存環境陰暗、潮溼、氧氣不足。在地底生活的動物通常視力退化，而且耐得住氧氣稀薄的生存條件。

3. 裸鼴鼠的社會和蜜蜂、螞蟻類似。只有女王能生下寶寶，其他的工鼠、兵鼠都沒有繁殖能力。

4. 裸鼴鼠以植物的地下塊根或塊莖為食。牠們幾乎不離開地洞，無法待在乾熱的地面超過一個小時。

調查心得：

世上最醜的生物，
人人說是裸鼴鼠。
草原暗中建王國，
地底生存牠最酷。

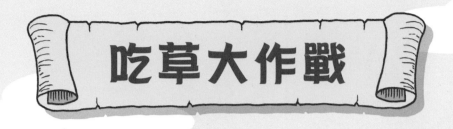

吃草大作戰

竟然恢復原來的大小了。

好神奇， 太神奇啦！

什麼神奇不神奇？你在說什麼？

是你？

你們兩個認識？

何止認識……

他是我從小養大，
平常都叫我
「阿度嚕」。

任務？

任務？

沒錯！

從我小時候，阿度嚕就教我要愛好和平，不可以吃動物。

以後長大要回到大草原，叫所有的肉食動物改吃素。

如果他們不願意，那我就……

刷

所以催眠術，是他教你的？

沒錯。

大草原上的動物們，生活在一個弱肉強食的殘酷世界。

而吃肉的動物，是少數的「壞」分子。

雖然大家都先想到草原上的肉食動物，但就跟這個金字塔圖一樣，善良的草食動物其實還是比較多。

肉食動物

草食動物

草和植物

少

多

數目

肉食多還是草食多？

　　獅子、豹、鬣狗，是草原上大名鼎鼎的動物明星。人們經常在書本、電視上看見牠們，就誤以為牠們是草原上常見的動物。事實上，這些肉食動物的數量遠遠少於草食動物，平均好幾平方公里才只有一隻。每一隻肉食動物在一生中都要吃掉許多草食動物，所以在一個生態系裡，草食動物遠比肉食動物多，才能維持正常、平衡；不管肉食或草食動物過多或過少，生態都會變得不平衡。

在非洲草原同一塊區域中，肉食動物與草食動物大致的數量比例

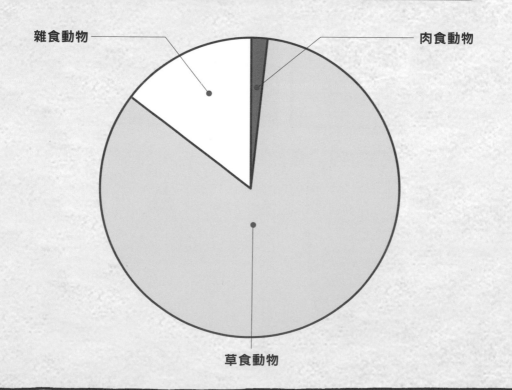

雜食動物

肉食動物

草食動物

叔叔，我有問題！

哈，太棒了！
小妹妹你請說～

 ：我馬麻說，小孩子要認真吃肉，才能長得健康強壯，怎麼跟你說的不一樣？

 ：小妹妹，你馬麻很愛你。但是她的觀念不正確喔！你看看，那些巨大的大象、長頸鹿、斑馬和犀牛，哪個是吃肉的？他們只吃草，不是照樣長得高又壯！所以吃草比吃肉好，還可以讓地球擺脫暴戾之氣，充滿和平。

 ：可是媽媽說，吃肉才是草原之王，吃草的動物都是泛泛之輩。

 ：誰說的？吃草的動物才聰明呢！你看草原上滿地都是草，隨時低下頭來就可以吃到。哪像肉食性動物，辛苦追趕獵物，還不一定每次成功，光聽就覺得累死人了……

 ：可是馬麻還說，肉比草營養，我們久久吃一頓就夠了，其他時間可以用來玩耍、睡覺。可是吃草的動物要一直吃個不停，都不能玩，很無聊。

而且草好難吃，
肉比較好吃……

花豹小檔案

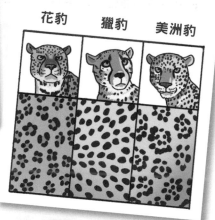

花豹　獵豹　美洲豹

名　　稱	花豹
分布範圍	非洲及亞洲部分地區
外形與特徵	黃褐色的體毛上有黑色的圓形斑點，所以又被稱做「金錢豹」。 人們經常把「獵豹」、「美洲豹」和花豹混淆。其實牠們很不一樣，除了斑點不同外，獵豹的臉上有明顯的黑色淚紋。此外，美洲豹生存在美洲，和獵豹、花豹不同。

可惡！

説這麼多道理也沒用！這些傢伙天生殘酷。

拿出我教的催眠術，直接催眠他們比較快！

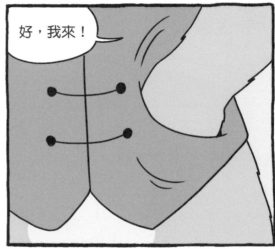

好，我來！

大家聽著。

是！

你們是愛好和平的動物。

是的！

從今天開始，你會愛上吃草，不再吃肉。

是。

欸，阿美，你來一下。

怎麼啦？

你不覺得奇怪嗎？

這不像團長平常的作為……

嗯，我也覺得。團長不會說肉食動物「壞」，

不會想改變他們，也絕對不會強迫他們吃素。

難道是?!

走，我們進飛碟去看看！

嗶嗶嗶

刷

團長！

你在哪？

：嗯⋯⋯嗯嗯⋯⋯

：快把團長嘴裡的東西拿出來！這裡有小刀，解開繩子！

：嗯⋯⋯呼！都是我那雙胞胎弟弟！他把我們綁在這裡，不知道又在外面進行什麼奇怪的動物實驗！

：原來真的是他！難怪我們覺得奇怪，他在教育動物不要吃肉！他們不聽，就催眠他們吃草，說這樣才會天下太平！

：搞什麼鬼？叫天生吃肉的動物吃草，那不是天下太平，是天下大亂！

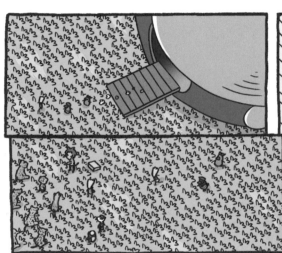

大家過來看！

09:10:22

嘻嘻嘻嘻。

09:10:25

09:10:27

09:10:39

09:11:01

09:11:09

再放大一點。

09:11:09

09:11:09

啊！

戴著王冠的……？

是裸鼴鼠公主！

我的辦案心得筆記

報案人：達克比
辦案原因：發現「團長」說的話不像他

調查結果：

1. 在草原和其他生態系裡，肉食動物的數量遠遠比草食動物來得少。

2. 草食動物像是大象、長頸鹿、斑馬、犀牛等。雖然只吃植物，還是可以長得非常高大。

3. 通常肉食動物吃了一頓大餐後，可以撐好幾天不吃東西。但是草食動物相反，得花很多時間不斷進食，尤其是樹葉或草，因為樹葉或草的熱量很低。

4. 達克比發現原來是裸鼴鼠公主偷走塊根，決定冒險回到地底王國去告訴女王。

調查心得：
草食動物乖？
葷食動物壞？
肉食是天性，
不好也不壞。

真假雙胞胎

沙漠化危機

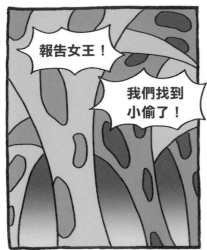

這是真的。

我們有證據，請您看這個。

氣死我了，這不懂事的孩子！

去把她給我抓回來！

身為地底王國的公主，怎麼可以讓人民餓肚子！

遵命！

且慢，你們不用追，

公主已經帶著塊根到其他地方另建王國了。

裸鼴鼠如何成立新王國？

　　裸鼴鼠女王是地底王國唯一能生寶寶的女性。只要有她在，其他雌性的母鼠就無法懷孕，因為女王的尿液具有特殊物質，可以抑制其他母鼠的卵巢發育。不過，其中會有一隻女寶寶例外——這個女兒被用不同的方式撫養，享有不工作的特權。長大後，她會成為「公主」，肩負著離開洞穴開創新王國的使命。

　　對裸鼴鼠來說，地面是一個危險、難以生存的地方。但公主會不惜一切尋找配偶。她會在涼爽的夜晚爬出洞穴，搜尋雄性的獨特氣味，並且循著味道找到公鼠交配，然後在新洞穴裡生下後代，成立一個全新的地底王國。

可惡！

她急著建立國家的心情我理解……

但是大家都是白手起家，怎麼能把自己家的塊根直接挖走呢？

這孩子……沒有了塊根，我們怎麼活下去啊？

對啊，我好餓。

我也餓得沒有力氣。

女王，我已經解決這個問題，您別擔心。

啊？怎麼說？

真不知道要怎麼感謝你才好。

不用謝啦。

這是我身為動物警察，應該做的。

太感動，

好偉大的胸襟……

如果沒事，我就先走囉！

不！

像你這麼優秀的人才，一定要留下來當我的首相，

我們才會有吃不完的塊根。

但地面上還有好多案子等我去辦……

我還是先走一步！

怎麼突然這麼多動物，這是怎麼回事？

滄水

鹹水

達克比～

你怎麼去了那麼久？

我好想你啊！

怎麼會？我才去了一下下。

是團長……

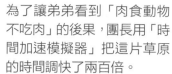

為了讓弟弟看到「肉食動物不吃肉」的後果，團長用「時間加速模擬器」把這片草原的時間調快了兩百倍。

你看！草食動物變得這麼多，

能吃的植物幾乎都被啃光了！

吃

吃

吃

好餓喔！

食物不夠吃，好虛弱。

為什麼會這樣？

原因很簡單～

肉食動物不吃肉，會破壞大自然的生態平衡。

奇怪，為什麼啊？

因為肉食動物原本可以減少草食動物的數量，讓草食動物不會一下子繁衍過多。

但是，一旦肉食動物不捕食草食動物，草食動物就會在很短的時間內快速繁殖而變得越來越多……

他們以驚人的速度，瘋狂啃食野草、樹木的結果，

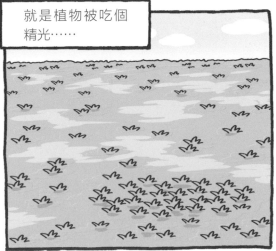

就是植物被吃個精光……

恢復生態平衡的真實案例

在很久很久以前，美國的第一個國家公園——黃石公園，裡面的灰狼遍布北美各地。可是灰狼不受人類歡迎，因為牠們會咬死牧場裡的牛羊，造成人類財產損失。所以在1920年代，灰狼就因為人類的獵殺而絕跡，並且在美國黃石公園引發一連串微妙的生態環境變化。

再繼續這樣下去，草食動物就會找不到足夠的東西吃而大量死亡。

該不會連肉食動物們，也因為沒有草食動物可吃而活活餓死吧？

你的推論一點也沒錯，整個草原生態會完全崩潰。久了以後，草原更會因為沒有野草抓住泥土，而慢慢「沙漠化」，使原本好好的草原變成光禿禿的沙漠，風一吹就漫天風沙。

好驚人，沒想到會有這種下場……咳咳咳！咳咳咳……

草原變沙漠——沙漠化危機

　　有些地區的沙漠化是自然原因造成的，像是氣候變乾旱，或是乾燥氣候帶移動。但在現今的地球上，大部分的沙漠化危機都是來自人為因素，像是過度的放牧牛羊、過度的開墾、耕種，使草地失去植物的覆蓋，慢慢變成不毛的沙漠。

　　根據估計，目前地球上有24%的陸地正在漸漸退化成沙漠，受到沙漠化威脅的人口更接近2億5000萬人。

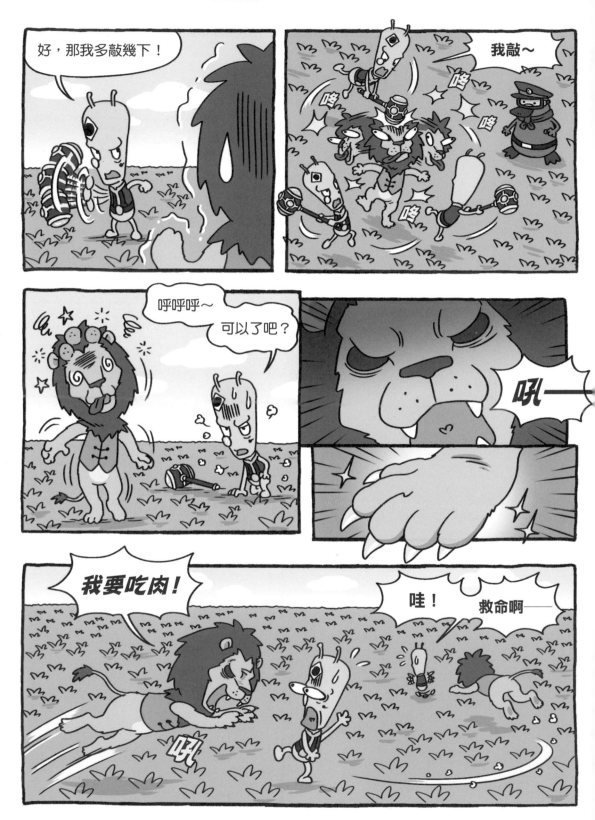

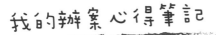

我的辦案心得筆記

報案人：團長

報案原因：團長弟弟催眠肉食性動物叫牠們吃草不吃肉

調查結果：

1. 肉食動物雖然會吃掉其他動物，但對於大自然的生態平衡還是有很多貢獻。

2. 不管是肉食動物或草食動物，數量過多或過少，都會使生態失去平衡。

3. 肉食動物變少，會使草食動物過多並吃光草原上的植物，甚至引起沙漠化。

4. 全世界有 24% 的陸地正在退化成沙漠，而且有 2 億 5000 萬人的生活受到沙漠化的威脅。

5. 達克比化解裸鼴鼠王國的糧食危機，通過超級警察草原關卡的挑戰。

調查心得：

裸鼴鼠地底國，

小公主很懶惰；

長大後招親去，

懶公主變皇后。

危機解除

臺灣為什麼有恐龍？團長弟又會在這裡進行什麼動物實驗？　　　**請看下集分解**

1 以下動物在草原上是用哪一招抵抗天敵來活下去？

快速奔跑 •

躲到地底下 •

體型巨大 •

運用團結的
力量 •

身體小藏在
高高的草中 •

• 非洲象

• 狐獴

• 斑馬

• 草原犬鼠

• 水牛

• 條紋草鼠

• 獾

請找出下列題目的正確答案。

2 在這趟移地訓練後，小博記下了筆記，但在喝水時不小心弄糊了。
請幫助小博，將下方句子填入正確的文字。

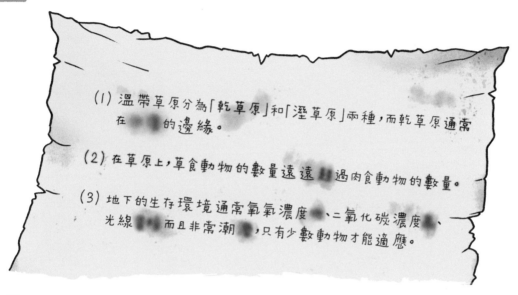

(1) 溫帶草原分為「乾草原」和「溼草原」兩種，而乾草原通常在 ██ 的邊緣。

(2) 在草原上，草食動物的數量遠遠 ██ 過肉食動物的數量。

(3) 地下的生存環境通常氧氣濃度 ██、二氧化碳濃度 ██、光線 ██ 而且非常潮 ██，只有少數動物才能適應。

3 有人闖入裸鼴鼠地底王國，並喬裝成工鼠或兵鼠了！以下四名嫌疑犯，請揪出哪一位說的是錯的。答：_____

在地底生活，需要耐得住氧氣稀薄的環境。

嫌疑犯 A

只有女王能生下寶寶，像我們兵鼠是沒有繁殖能力的！

嫌疑犯 B

我們喜歡去糞坑滾一滾，並且超愛吃女王的大便！

嫌疑犯 C

我們每天只有吃飯時間離開地洞，到陸地上找植物吃。

嫌疑犯 D

解答篇

1

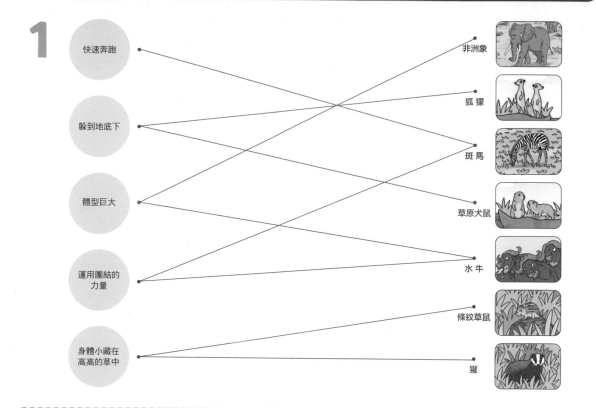

快速奔跑		非洲象
躲到地下		狐獴
體型巨大		斑馬
運用團結的力量		草原犬鼠
身體小藏在高高的草中		水牛
		條紋草鼠
		獾

2

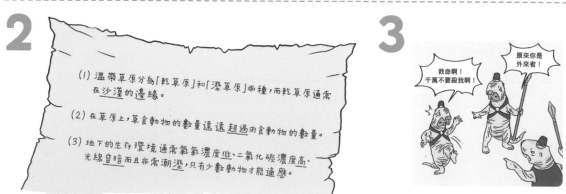

(1) 溫帶草原分為「乾草原」和「溼草原」兩種，而乾草原通常在沙漠的邊緣。

(2) 在草原上，草食動物的數量遠遠超過肉食動物的數量。

(3) 地下的生存環境通常氧氣濃度低、二氧化碳濃度高、光線昏暗而且非常潮溼，只有少數動物才能適應。

3

答案：嫌疑犯 D

● 你答對幾題呢？來看看你的偵探功力等級

答對一題 ☺ 你沒讀熟，回去多讀幾遍啦！
答對二題 ☺ 加油，你可以表現得更好。
答對三題 ☺ 太棒了，你可以跟達克比一起去辦案囉！

達克比辦案⓮

莽原生死鬥
草原生態系與地下環境的生存適應

作者	胡妙芬
繪者	柯智元
達克比形象原創	彭永成
責任編輯	張玉蓉
美術設計	蕭雅慧
行銷企劃	王予農

天下雜誌群創辦人	殷允芃
董事長兼執行長	何琦瑜
媒體暨產品事業群	
總經理	游玉雪
副總經理	林彥傑
總編輯	林欣靜
行銷總監	林育菁
主編	楊琇珊
版權主任	何晨瑋、黃微真

出版者	親子天下股份有限公司
地址	臺北市 104 建國北路一段 96 號 4 樓
電話	(02) 2509-2800
傳真	(02) 2509-2462
網址	www.parenting.com.tw
讀者服務專線	(02) 2662-0332 週一～週五：09:00~17:30
讀者服務傳真	(02) 2662-6048
客服信箱	parenting@cw.com.tw

法律顧問	台英國際商務法律事務所‧羅明通律師
製版印刷	中原造影股份有限公司
總經銷	大和圖書有限公司　　電話：(02) 8990-2588
出版日期	2024 年 4 月第一版第一次印行
	2024 年 8 月第一版第四次印行
定價	380 元
書號	BKKKC266P
ISBN	978-626-305-771-5（平裝）

國家圖書館出版品預行編目資料

達克比辦案 14, 莽原生死鬥：草原生態系與地下環境
的生存適應 / 胡妙芬文；柯智元圖 . --
第一版 . -- 臺北市：親子天下股份有限公司, 2024.04
136 面；17×23 公分 . --（達克比辦案；14）
ISBN 978-626-305-771-5（平裝）

1.CST: 生命科學　2.CST: 漫畫

360　　　　　　　　　　　　　　113003089

訂購服務

親子天下 Shopping ｜ shopping.parenting.com.tw
海外‧大量訂購 ｜ parenting@cw.com.tw
書香花園 ｜臺北市建國北路二段 6 巷 11 號　電話：(02) 2506-1635
劃撥帳號 ｜ 50331356 親子天下股份有限公司

立即購買 >

小傳的動物園
體育日誌

狐獴的早上第一件事，是一起站著晒太陽。原來他們的肚子是黑的，可以吸收溫暖的陽光！

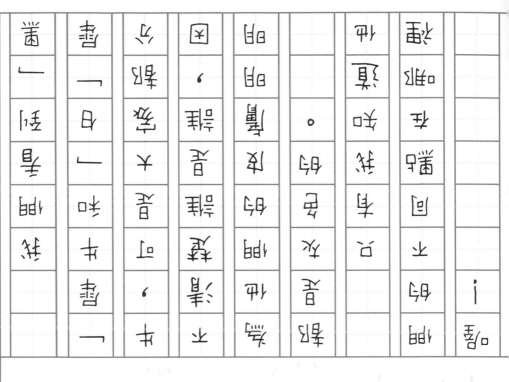
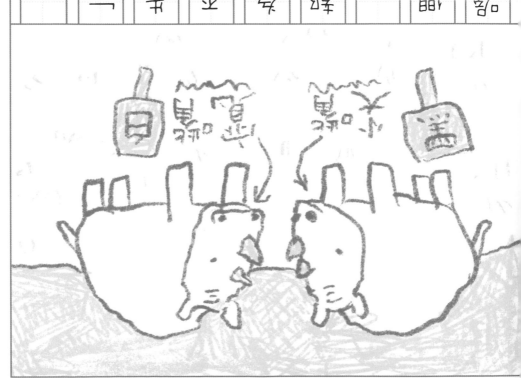

到了鴕鳥區，

我忍不住問他們：

「卡通說你們遇到

危險時，會把頭鑽

進沙子埋起來？」

鴕鳥搖搖頭說：「

才不會，我們不是

傻瓜！」

太陽越升越高了，大象用耳朵幫自己搧風。聽說他們的耳朵有很多微血管，搧風可以幫忙散熱。好可惜我沒有血（ㄒㄩㄝˋ）

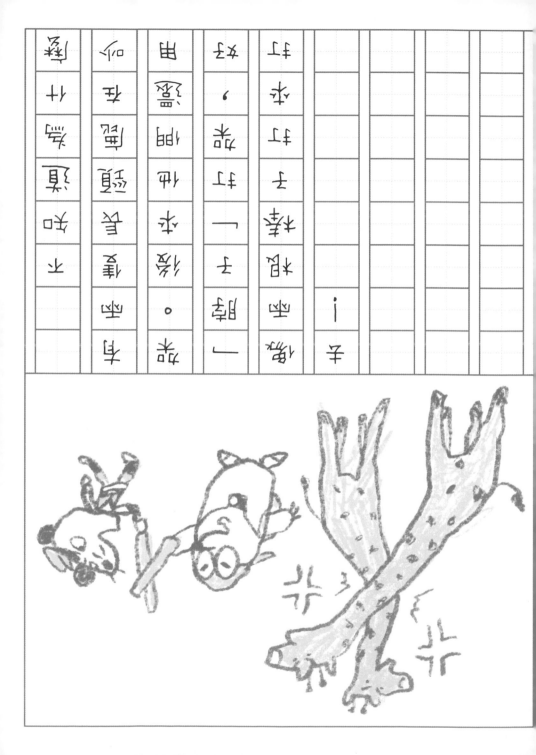

到了中午，馬一邊吃草一邊搖尾巴。我靠近一看，原來他是用尾巴在趕蒼蠅，真是太方便了！

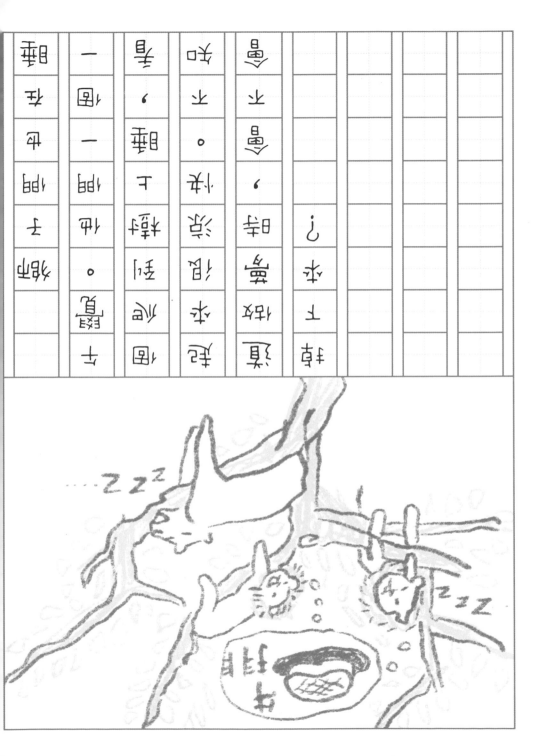

中午時，袋鼠也在樹下休息。他用嘴巴舔著腳，是利用口水蒸發幫助身體降溫，可不是不衛生喔！

下午的時候更熱了。南非地松鼠在太陽下，把尾巴高高的翹到頭上，就好像撐一把大陽傘，真是聰明。

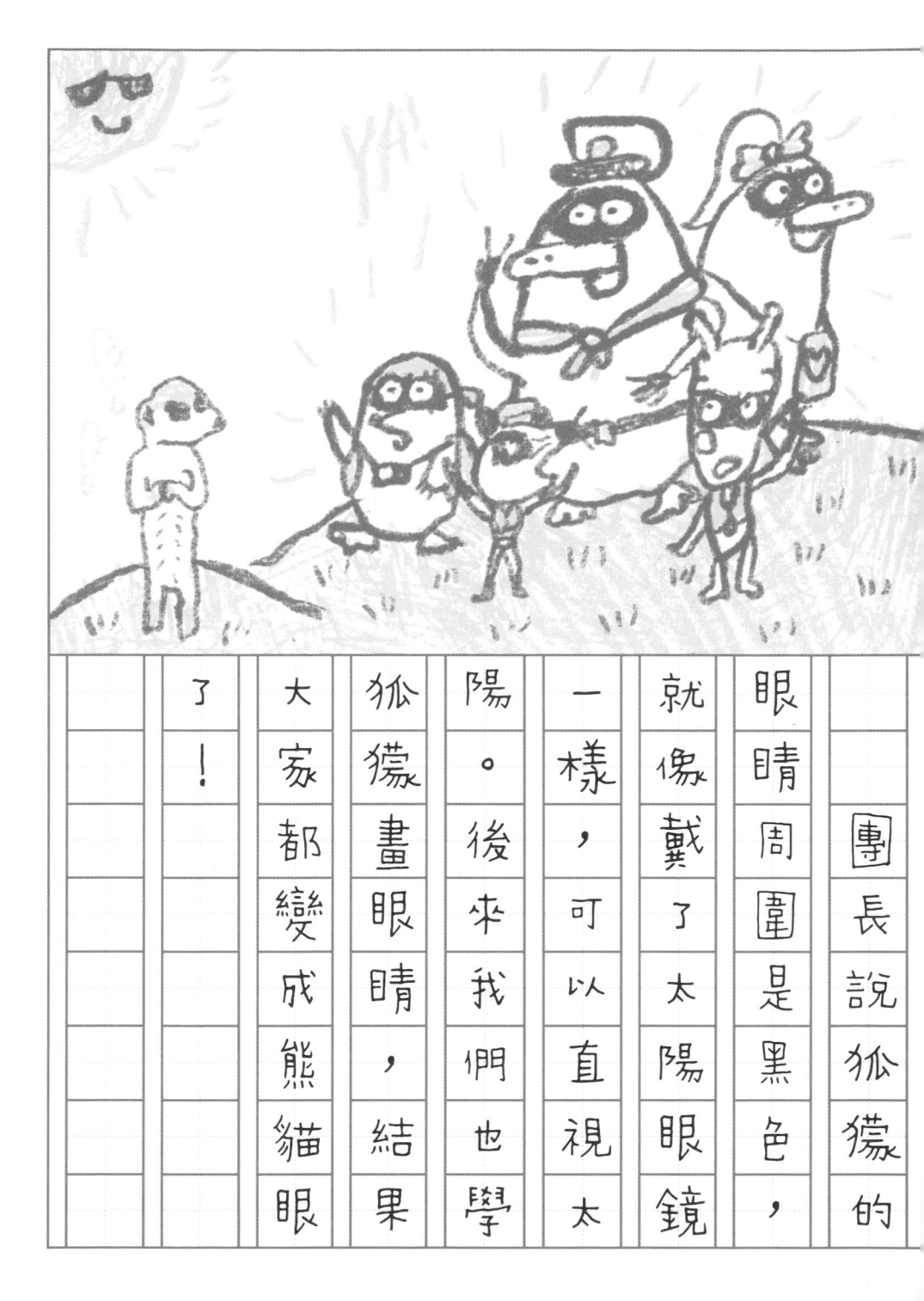

團長說狐獴的眼睛周圍是黑色，就像戴了太陽眼鏡一樣，可以直視太陽。後來我們也學狐獴畫眼睛，結果大家都變成熊貓眼了！

五點半，動物們都下班了，他們悠悠哉哉的離開動物園。今天認識了好多動物，真是開心的一天！

我的動物園觀察日記

動物園裡哪一區的什麼動物讓你印象深刻？寫一寫牠的外表或是行為特色，並畫下來。（要跟小博記錄的動物不同喔！）

這隻動物喜歡吃什麼？

這隻動物最特別的地方？

為什麼對這隻動物印象深刻？
（請至少說明25字。）

達克比辦案⑭

莽原生死鬥
草原生態系與地下環境的生存適應

故事別冊

小博的動物園觀察日誌

文／胡妙芬　圖／洪若薰　達克比形象原創／彭永成

責任編輯／張玉蓉　美術設計／蕭雅慧　行銷企劃／王予農